essentials

Springer Essentials sind innovative Bücher, die das Wissen von Springer DE in kompaktester Form anhand kleiner, komprimierter Wissensbausteine zur Darstellung bringen. Damit sind sie besonders für die Nutzung auf modernen Tablet-PCs und eBook-Readern geeignet. In der Reihe erscheinen sowohl Originalarbeiten wie auch aktualisierte und hinsichtlich der Textmenge genauestens konzentrierte Bearbeitungen von Texten, die in maßgeblichen, allerdings auch wesentlich umfangreicheren Werken des Springer Verlags an anderer Stelle erscheinen. Die Leser bekommen „self-contained knowledge" in destillierter Form: Die Essenz dessen, worauf es als „State-of-the-Art" in der Praxis und/oder aktueller Fachdiskussion ankommt.

Ekbert Hering

Deckungsbeitragsrechnung für Ingenieure

Prof. Dr. mult. Dr. h.c. Ekbert Hering
Hochschule für angewandte
Wissenschaften Aalen
Deutschland

ISSN 2197-6708   ISSN 2197-6716 (electronic)
ISBN 978-3-658-04854-9   ISBN 978-3-658-04855-6 (eBook)
DOI 10.1007/978-3-658-04855-6

Die Deutsche Nationalbibliothek verzeichnet diese Publikation in der Deutschen National-
bibliografie; detaillierte bibliografische Daten sind im Internet über http://dnb.d-nb.de ab-
rufbar.

Springer Vieweg
© Springer Fachmedien Wiesbaden 2014

Springer Vieweg ist eine Marke von Springer DE. Springer DE ist Teil der Fachverlagsgruppe
Springer Science+Business Media
www.springer-vieweg.de

Vorwort

Dieses Werk basiert auf dem „Handbuch Betriebswirtschaft für Ingenieure" von Ekbert Hering und Walter Draeger, 3. Auflage 2000. Dieses Werk hat sich einen hervorragenden Platz als Lehrbuch für Studierende, insbesondere der Ingenieurwissenschaften, und als Standard-Nachschlagewerk für Ingenieure in der Praxis geschaffen. Die Vorteile sind die *große Praxisnähe* (das Werk wurde von Praktikern für Praktiker geschrieben), die Präsentation der *ganzen Breite des Managementwissens,* die vielen Beispiele, welche die sofortige Umsetzung in den betrieblichen Alltag ermöglichen sowie die umfangreichen Grafiken, welche die Zusammenhänge veranschaulichen. Das Kapitel über Deckungsbeitragsrechnung wurde dahingehend erweitert, dass ausführliche Rechenbeispiele eingefügt werden, mit denen die Zusammenhänge klar werden. Zusätzliche Grafiken zeigen anschaulich und verständlich die Methoden und Anwendungen. Diese klaren Strukturierungen ermöglichen es dem Leser, seine Probleme in der Praxis sofort lösen zu können.

Inhaltsverzeichnis

Einleitung 1

Deckungsbeiträge sind die finanziellen Beiträge, die zur *Deckung der Fixkosten* im Unternehmen bereit stehen. Voraussetzung dafür ist, dass die Kosten in variable und fixe Anteile aufgespalten werden können. *Variable Kosten* sind alle Kosten, die bei der *Leistungserbringung* eines Unternehmens anfallen (z. B. Materialkosten). Sie fallen also nur an, wenn das Unternehmen Produkte oder Dienstleistungen herstellt. *Fixkosten* sind auch vorhanden, wenn *keine Produkte* oder *Dienstleistungen* erzeugt werden. Sie sind Kosten für die *Betriebsbereitstellung*, d. h. für die Möglichkeit und die Voraussetzung zur Herstellung von betrieblichen Leistungen (z. B. Mietkosten für das Fabrikgebäude oder Versicherungen). Die *Deckungsbeitragsrechnung* ist eine *Teilkostenrechnung*, weil sie diese Unterscheidung in fixe und variable Kosten ermöglicht. Der Deckungsbeitrag ist dabei, wie Abb. 1.1 zeigt, die Differenz zwischen Netto-Umsatz und variablen Kosten:

$$\text{Deckungsbeitrag} = \text{Netto-Umsatz} - \text{variable Kosten}$$

Der Deckungsbeitrag gibt also an, wieviele *Finanzmittel* in das Unternehmen gelangen, um die *fixen Kosten* zu *decken*. Wie Abb. 1.1 deutlich macht, lässt die Höhe des *Deckungsbeitrages allein* noch *keine Aussage* über den *Gewinn* oder Verlust von Produkten bzw. Dienstleistungen, Sparten oder ganzen Unternehmen zu. Erst wenn die zu deckenden *fixen Kosten* (grauer Bereich in Abb. 1.1) ebenfalls bekannt sind, ist diese Frage beantwortbar. Sind die *Deckungsbeiträge höher* als die zu *deckenden fixen Kosten*, dann entsteht ein *Gewinn*. Sind dagegen die fixen Kosten höher als die Deckungsbeiträge, dann tritt ein Verlust auf.

Für den Ertrag E eines Unternehmens, einer Sparte oder eines Produktes bzw. einer Dienstleistung gilt:

$$\text{Ertrag E} = \text{Deckungsbeitrag}\,(\text{DB}) - \text{fixe Kosten}\,(K_{\text{fix}}).$$

E. Hering, *Deckungsbeitragsrechnung für Ingenieure*, essentials,
DOI 10.1007/978-3-658-04855-6_1, © Springer Fachmedien Wiesbaden 2014

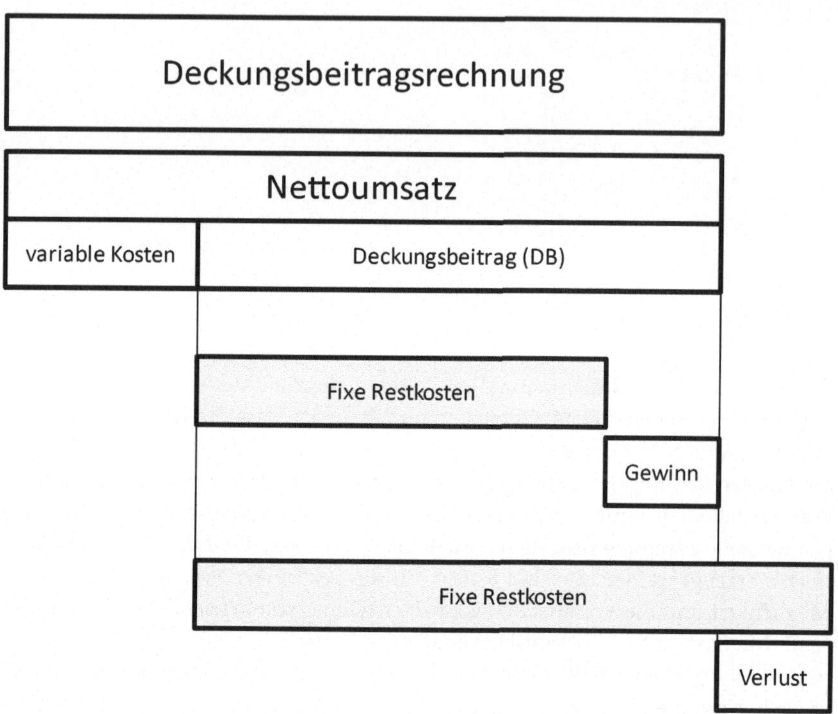

Abb. 1.1 Definition des Deckungsbeitrages. (Quelle: Hering und Draeger 2000)

Vorteile der Deckungsbeitragsrechnung   2

In Abb. 2.1 wird gezeigt, wie bei einer Kalkulation mit *Vollkosten falsche Sortimentsentscheidungen* gefällt werden können. Im vorliegenden Beispiel werden zunächst die beiden Produkte A und B hergestellt. Beim Produkt A werden 500.000,- € erlöst. Nach Abzug der variablen und fixen Kosten bleibt ein Gewinn von 100.000,- € übrig. Das Produkt B erzielt einen Erlös von 300.000,- €. Nach Abzug der variablen und fixen Kosten entsteht ein Verlust von 50.000,- €. Insgesamt erzielt man mit beiden Produkten ein Betriebsergebnis in Höhe von 50.000,- €.

Wenn die Geschäftsleitung entscheidet, das verlustbringende Produkt B nicht mehr herzustellen, dann stellt sich die Situation folgendermaßen dar: Das Produkt A muss in diesem Falle alle Fixkosten, d. h. auch die Fixkosten des Produktes B in Höhe von 70.000,- € tragen. Damit liegt der gesamte Betriebsgewinn statt bei 50.000,- € nur noch bei 30.000,- €. Der Grund liegt darin, dass das Produkt B auch einen Deckungsbeitrag zur Deckung seiner eigenen Fixkosten in Höhe von 20.000,- € (300.000,- € − 280.000,- € = 20.000,- €) geleistet hätte. Dieser Deckungsbeitrag fehlt dem Unternehmen bei Wegfall des Produktes B, so dass sein Gewinn um diese 20.000,- € von vorher 50.000,- € auf nunmehr 30.000,- € schmilzt.

Abbildung 2.2 zeigt, wie der Deckungsbeitrag in das Gefüge der Gewinn- und Verlustrechnung (GuV: s. Springer Essential: Controlling für Ingenieure) und der Kennzahl ROI (Return on Investment) eingebettet ist und den Gewinn maßgeblich beeinflusst.

Im *gestrichelten Bereich* der Abb. 2.2 wird der *Deckungsbeitrag* ermittelt (Deckungsbeitrag = Nettoumsatz − variable Kosten) und im *strich-punktierten* Bereich die *Fixkosten*. Sie setzen sich aus den fixen Gemeinkosten zusammen. Gemeinkosten sind Kosten, die für alle Bereiche des Unternehmens anfallen (z. B. Verwaltung). Es gibt auch variable Gemeinkosten, die zwar für alle Bereiche anfallen, aber nur, wenn das Unternehmen Produkte und Dienstleistungen herstellt. Zieht man die Fixkosten vom Deckungsbeitrag ab, so entsteht ein Gewinn (wenn der Betrag negativ ist, ein Verlust). Die Kennzahl: Gewinn pro Nettoumsatz ist die

E. Hering, *Deckungsbeitragsrechnung für Ingenieure*, essentials,
DOI 10.1007/978-3-658-04855-6_2, © Springer Fachmedien Wiesbaden 2014

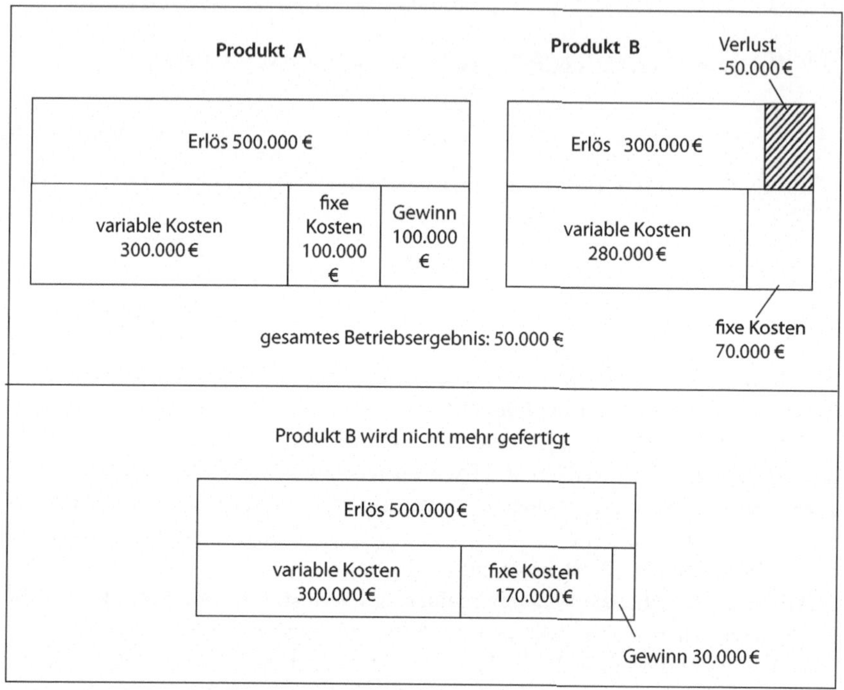

Abb. 2.1 Vorteile der Deckungsbeitragsrechnung. (Quelle: Hering, E., Draeger, W.: Handbuch der Betriebswirtschaft für Ingenieure, Springer-Verlag, 3. Auflage 2000)

Umsatzrendite, d. h., der pro Umsatz erzielte Gewinn. Im unteren Bereich wird der *Kapitalumschlag* errechnet (Nettoumsatz geteilt durch investiertes Kapital). Das investierte Kapital ist die Summe aus Umlaufvermögen (UV) und Anlagevermögen (AV). Diese Werte werden aus der Bilanz des Unternehmens übernommen. Die *Gesamtkapital-Rentabilität* (ROI) ist das Produkt aus Umsatzrendite multipliziert mit dem Kapitalumschlag (s. Springer Essential: „Controlling für Ingenieure"; Abschn. 3.9, Abb. 3.13). Aus Abb. 2.2 ist zu erkennen, dass der Deckungsbeitrag eine wichtige Kennzahl zur Beurteilung des *Erfolges* eines Unternehmens ist.

Die weiteren Vorteile der Deckungsbeitragsrechnung liegen in folgenden drei wichtigen strategischen Dimensionen:

- *Unternehmen, Sparten* oder *Produkte*
  Die Deckungsbeitragsrechnung kann für das ganze Unternehmen, für Teile des Unternehmens (z. B. Sparten) oder Produkte angewandt werden. Der Sparten- oder Produkt-Deckungsbeitrag zeigt die ertragsstarken Sparten bzw. Produkte

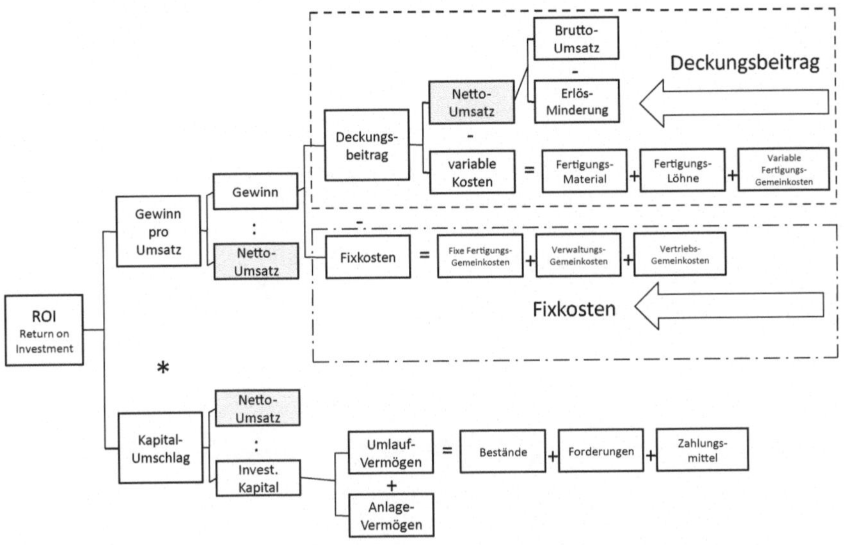

Abb. 2.2 Deckungsbeitrag innerhalb der Gewinn- und Verlustrechnung. (eigene Darstellung)

auf (s. Abschn. 3.1, Abb. 3.1). Alle in diesem Werk beschriebenen Beispiele sind auch auf diese Bereiche anwendbar.

- *Markt*
  Die Deckungsbeiträge in der Branche, in den Regionen oder der Kunden geben Aufschluss über gewinnträchtige Branchen, Regionen und Kunden.
- *Mitarbeiter*
  Werden die Vertriebsmitarbeiter durch ihre Deckungsbeiträge beurteilt (und auch provisioniert), dann kann man die erfolgreichen Vertriebsleute feststellen. Dies sind jene Personen, die hohe Deckungsbeiträge für das Unternehmen liefern. Eine reine Umsatzprovision hat demgegenüber den Nachteil, dass auch Provisionen gezahlt werden, wenn durch die Umsätze Verluste entstehen.

Anwendungen der Deckungsbeitragsrechnung 3

Im Folgenden werden einige Anwendungen der Deckungsbeitragsrechnung und Beispiele aufgeführt.

3.1 Grafische Deckungsbeitrags-Analyse

In einer grafischen Deckungsbeitragsanalyse erkennt man auf einen Blick, welche Produkte die höchsten Deckungsbeiträge erwirtschaften, welche Gewinne abwerfen und welche nicht. Als Beispiel werden 5 Produktgruppen ausgewählt, deren Werte in Tab. 3.1 dargestellt sind (s. auch Springer Essential: „Marketingkonzeptionen für Ingenieure", Abschn. 3.4.5).

Eine ausagefähige Beurteilung der Produkte, Produktgruppen oder Sparten ist die grafische Darstellung in einem Deckungsbeitragsprofil (Abb. 3.1). Aus ihr ist ersichtlich, welche Produkte die geforderten Deckungsbeiträge (Soll-Deckungsbeiträge) liefern und somit zum Erfolg des Unternehmens beitragen oder nicht.

Im *Umsatz-Deckungsbeitrags-Profil* wird der *Umsatz* in der *senkrechten* Achse aufgezeichnet und in der *waagrechten* Achse der Deckungsbeitrag pro Umsatz (DB/U) in Prozent. Er gibt an, wieviel Deckungsbeitrag pro Umsatz erwirtschaftet wird. Die *Flächen* in diesem Profil sind ein Maß für den *Deckungsbeitrag*, der zur Deckung der Unternehmensfixkosten in den Betrieb fließt (das Rechteck hat die Fläche: DB/U*U = DB). Die Produktgruppen werden dabei so sortiert, dass die *umsatzstärksten zuerst* und die umsatzschwächsten zuletzt berücksichtigt werden (s. Springer Essential „Marketingkonzeptionen für Ingenieure"; Abschn. 3.4.5, Abb. 3.10). Da die umsatzstärksten Produktgruppen meist die wichtigsten sind, zeigt die Abbildung von unten nach oben den Grad der Bedeutung für das Unternehmen an (ABC-Prinzip, s. Springer Essential „Controlling für Ingenieure"; Abschn. 3.2.2). Eine *Pyramidenform* eines solchen Profils zeigt ein *erfolgsträchtiges* Unternehmen, bei dem die umsatzstärksten Produkte auch die meisten Deckungs-

E. Hering, *Deckungsbeitragsrechnung für Ingenieure*, essentials,
DOI 10.1007/978-3-658-04855-6_3, © Springer Fachmedien Wiesbaden 2014

Tab. 3.1 Werte für 5 Produktgruppen. (Quelle: Hering und Draeger 2000)

Produkt- gruppen Kennzahlen	1 Automobil	2 Sonder- maschinen/ Verpackung	3 Werkzeugbau	4 Feinmecha- nik	5 Elektrotech- nik
Umsatz (U) in Euro	5.910.000	1.274.000	2.702.000	3.206.000	908.000
Kosten (K)	5.319.000	1.312.000	2.648.000	3.206.000	1.098.000
Gewinn in Euro G = U–K	591.000	−38.000	54.000	0	−190.000
$\dfrac{G}{U} \cdot 100$ in %	10	−3	2	0	−21
Umsatzanteil in %	42,5	9	19	23	6,8
Deckungs- beitrag pro Umsatz in %	43	30	35	33	12

beiträge liefern. Eine *Trichterform* zeigt eine für das Unternehmen ungünstige Verteilung der Produktgruppen (die umsatzstärksten Produktgruppen liefern am wenigsten Deckungsbeiträge). Diese anschauliche Darstellung wird häufig auch im Controlling und im Marketing eingesetzt (s. Springer Essential „Controlling für Ingenieure" und Springer Essential „Marketingkonzeptionen für Ingenieure").

Der *Mindestdeckungsbeitrag pro Umsatz* ist in Abb. 3.1 durch eine *gestrichelte Linie* angezeigt (im vorliegenden Fall: DB/U*100 = 33 %). Alle Produktgruppen mit höheren Deckungsbeiträgen pro Umsatz sind Gewinnbringer (graue Flächen), alle Produktgruppen mit geringeren sind verlustreich. Das Profil nach Abb. 3.1 zeigt sehr deutlich, dass auch *Verlustbringer* (Produktgruppe 2: Sondermaschinenbau/ Verpackung) noch *Deckungsbeiträge* erwirtschaften. Wenn man also auf bestimmte Produktgruppen verzichtet, dann fallen auch diese Deckungsbeiträge weg. Sie müssen, wie bereits erwähnt, durch andere Produktgruppen aufgefangen werden.

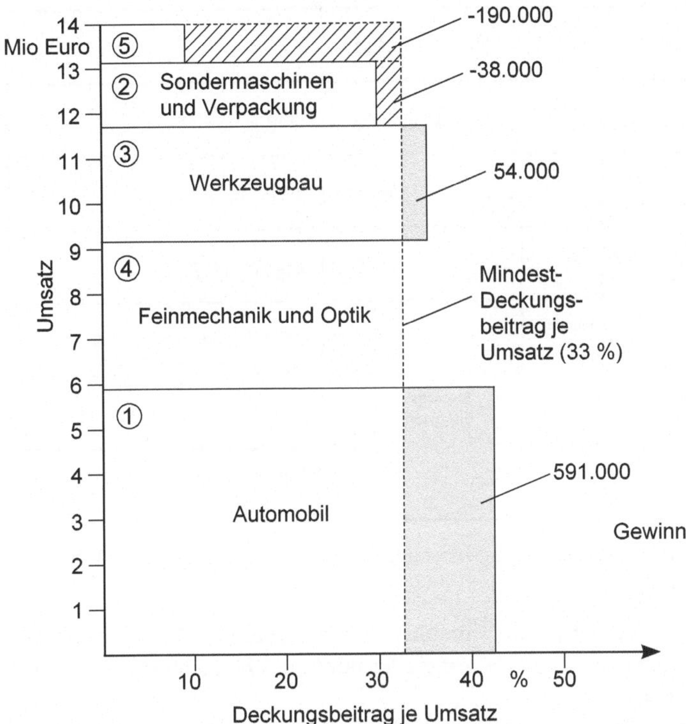

Abb. 3.1 Umsatz-Deckungsbeitragsprofil des Beispiels von Tab. 3.1. (Quelle: Hering und Draeger 2000)

3.2 Mehrstufige Deckungsbeitragsrechnung für Sparten bzw. Produkte

Die Gleichbehandlung aller Fixkosten, wie sie in der einfachen Deckungsbeitragsrechnung durchgeführt wird, führt dazu, daß wesentliche Informationen über die Kosten in der Abrechnung verloren gehen. Diese Nachteile vermeidet eine *mehrstufige Deckungsbeitragsrechnung*. Die fixen Kosten werden einzelnen Bereichen zugeordnet, so dass mehrere Deckungsbeiträge entstehen, wie Abb. 3.2 zeigt.

Der Deckungsbeitrag einer Stufe liefert die *Finanzmittel* zur Deckung der Fixkosten in den *folgenden Stufen* und ist damit ein Maßstab für den Erfolg in einer Stufe. Die einzelnen Deckungsbeiträge werden wie folgt errechnet:

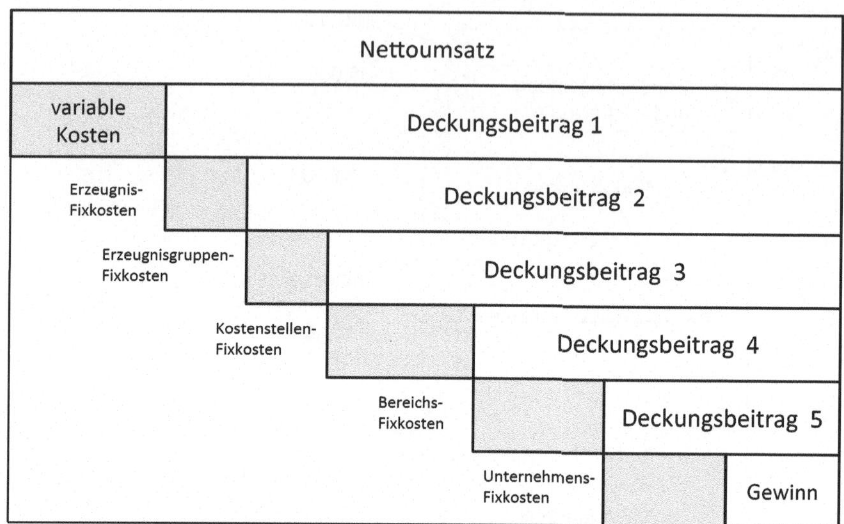

Abb. 3.2 Mehrstufige Deckungsbeitragsrechnung. (Quelle: Hering und Draeger 2000)

Vom Netto-Umsatz werden die variablen Kosten abgezogen. Dann entsteht der *Deckungsbeitrag 1*. Er dient zur Deckung aller durch das betrachtete Produkt anfallenden Fixkosten.

Unter *Erzeugnisfixkosten* versteht man alle Fixkosten, die dem einzelnen Produkt zuzuordnen sind, z. B. Entwicklungskosten oder Werbekosten zur Produkteinführung. Werden diese vom Deckungsbeitrag 1 abgezogen, dann ergibt sich der *Deckungsbeitrag 2*. Er gibt an, wieviele Finanzmittel zur Deckung der Fixkosten für die restlichen Unternehmensbereiche zur Verfügung stehen.

Die *Erzeugnisgruppenfixkosten* umfassen alle fixen Kosten, die einer bestimmten Produktgruppe zugeordnet werden können. Dazu zählen beispielsweise Werbekosten für Produktgruppen oder Patente. Werden diese abgezogen, dann ergibt sich der *Deckungsbeitrag 3*.

Bei den *Kostenstellenfixkosten* fallen alle diejenigen Fixkosten an, die direkt und eindeutig einer Kostenstelle zugeordnet werden können, beispielsweise Meisterlohn für den Kostenstellenleiter oder kalkulatorische Abschreibungen und kalkulatorische Zinsen für die Maschinen, mit denen die Produkte hergestellt werden. Werden diese berücksichtigt, dann ergibt sich der *Deckungsbeitrag 4* (DB 4). Alle Deckungsbeiträge 4 (Summe DB 4 in Abb. 3.3) tragen dazu bei, die Bereichsfixkosten und die Unternehmensfixkosten zu decken.

Die *Bereichsfixkosten* sind fixe Kosten eines ganzen Bereiches, z. B. eines Werkes oder der gesamten Fertigung. Durch Abzug dieser fixen Bereichskosten ergibt sich der *Deckungsbeitrag 5*.

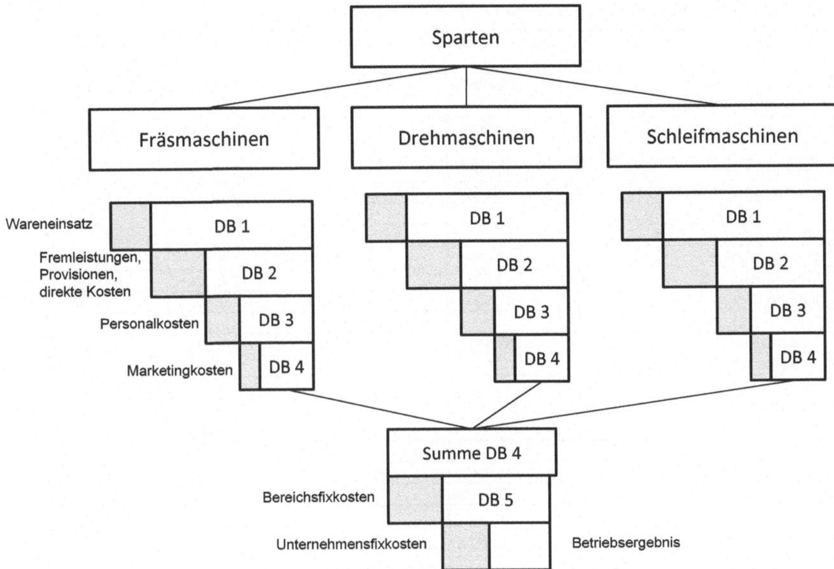

Abb. 3.3 Schema zum Beispiel für eine mehrstufige Deckungsbeitragsrechnung. (Quelle: Hering und Draeger 2000)

Die *Unternehmensfixkosten* umfassen alle diejenigen Fixkosten, die nur dem Unternehmen insgesamt zugerechnet werden können. Dazu zählen beispielsweise die Gehälter der Direktoren oder der Lohn des Pförtners. Nach Abzug dieser Unternehmensfixkosten stellt sich ein Gewinn (bei einem positiven Ergebnis) oder ein Verlust (bei einem negativen Ergebnis) ein.

Im Folgenden wird die mehrstufige Deckungsbeitragsrechnung am Beispiel für ein produzierendes Unternehmen mit den drei Sparten: Fräsmaschinen, Drehmaschinen und Schleifmaschinen vorgestellt. Das Schema dazu zeigt Abb. 3.3. Die konkreten Zahlen sind in Tab. 3.2 zusammengestellt.

Folgende Positionen sind erwähnenswert:

1. *Spartenumsatz,*
2. *Wareneinsatz*
3. *Deckungsbeitrag 1*

Pro Sparte wird vom Nettoumsatz der Wareneinsatz abgezogen. Daraus ergibt sich der Deckungsbeitrag 1. Er dient zur Deckung aller andere Kosten, mit Ausnahme des Wareneinsatzes (im vorliegenden Beispiel 2.610.000 €, d. h. 76,99 % des Umsatzes).

Tab. 3.2 Werte für eine mehrstufige Deckungsbeitragsrechnung

	Fräsmaschine	Drehmaschine	Schleifmaschine	Summe
1. Netto-Umsatz €	**3.390.000**	**6.930.000**	**3.000.000**	**13.320.000**
Direkte Kosten des Umsatzes				
2. Wareneinsatz	780.000	1.500.500	680.000	2.960.500
3. Deckungsbeitrag 1	**2.610.000**	**5.429.500**	**2.320.000**	**10.359.500**
Deckungsbeitrag 1/Umsatz in %	76,99%	78,35%	77,33%	77,77%
Direkte Kosten				
4. Fremdleistungen	78.000	230.700	71.500	380.200
5. Provisionen	169.500	554.400	150.000	873.900
6. Summe: Direkte Kosten	247.500	785.100	221.500	1.254.100
7. Deckungsbeitrag 2	**2.362.500**	**4.644.400**	**2.098.500**	**9.105.400**
Deckungsbeitrag 2/Umsatz in %	69,69%	67,02%	69,95%	68,36%
Betriebskosten				
8. Personalkosten	678.000	2.079.000	170.000	2.927.000
9. Deckungsbeitrag 3	**1.684.500**	**2.565.400**	**1.928.500**	**6.178.400**
Deckungsbeitrag 3/Umsatz in %	49,69%	37,02%	64,28%	46,38%
10. Marketingkosten	421.200	843.000	360.000	1.624.200
11. Deckungsbeitrag 4	**1.263.300**	**1.722.400**	**1.568.500**	**4.554.200**
Deckungsbeitrag 4/Umsatz in %	37,27%	24,85%	52,28%	34,19%
Weitere Kosten				
Leistungen Dritter				230.000
Mietkosten				780.000
Investitionen				860.000
Kommunikation				560.000
Reisekosten				280.000
Zinsen und Versicherungen				180.000
Rechtsberatung				70.000
kalkulatorische Abschreibungen				186.000
12. Summe: Weiterer Kosten				3.146.000
13. Deckungsbeitrag 5				**1.408.200**
Deckungsbeitrag 5/Umsatz in %				**10,57%**
Personalkosten Verwaltung				450.000
Personalkosten Geschäftsleitung				760.000
14. Summe Personalkosten				1.210.000
Summe Betriebskosten				**13.121.800**
Betriebsergebnis vor Steuern				**198.200**
Betriebsergebnis vor Steuern in %				1,49%

4. *Fremdleistungen*

Dazu gehören alle Kosten, die für Leistungen Dritter aufgebracht werden müssen. Dazu zählen beispielsweise Schweißarbeiten für die Maschinen, die als Lohnauftrag an Fremdfirmen vergeben werden.

5. *Provisionen*

Hier werden die Verkaufsprovisionen berücksichtigt. Es ist darauf zu achten, dass diese nicht nocheinmal als Personalkosten berücksichtigt werden. An Provisionen werden gewährt:

- Auf Fräsmaschinen 5 % vom Nettoumsatz,
- auf Drehmaschinen 8 % vom Nettoumsatz,
- auf Schleifmaschinen 5 % vom Nettoumsatz.

6. *Direkte Kosten*

Die Kosten für Fremdleistungen und Provisionen können den Sparten direkt zugeordnet werden, d. h. es sind *direkte Kosten des Umsatzes*.

7. *Deckungsbeitrag 2 (absolut und prozentual)*

Der Deckungsbeitrag 2 ist die Differenz aus dem Deckungsbeitrag 1 und den direkten Kosten:

$$Deckungsbeitrag\,2 = Deckungsbeitrag\,1 - direkte\,Kosten.$$

Der Deckungsbeitrag 2 dient zur Deckung der restlichen Betriebskosten. Er beträgt im vorliegenden Beispiel 2.362.500 €, das sind 69,69 % des Umsatzes.

8. *Personalkosten*

Sie verteilen sich folgendermaßen:

- Fräsmaschinen: 20 % vom Nettoumsatz,
- Drehmaschinen: 30 % vom Nettoumsatz,
- Schleifmaschinen: 25 % vom Nettoumsatz.

9. *Deckungsbeitrag 3 (absolut und prozentual)*

Er ergibt sich als Differenz aus dem Deckungsbeitrag 2 und den Personalkosten (für das Beispiel ist der DB 3 = 1.684.500 €).

$$Deckungsbeitrag\,3 = Deckungsbeitrag\,2 - Personalkosten.$$

Der Deckungsbeitrag 3 dient zur Deckung aller Fixkosten, die außer Wareneinsatz, Fremdleistungen, Provisionen und Personalkosten noch vorhanden sind. Es sind im Durchschnitt 46, 38 % des Umsatzes.

10. *Marketingkosten*
Für jede Sparte werden die anteiligen Messekosten von je 150.000,- € hinzuaddiert. Die übrigen Marketingkosten wurden folgendermaßen festgelegt:

- Fräsmaschinen: 8 % vom Nettoumsatz,
- Drehmaschinen: 10 % vom Nettoumsatz,
- Schleifmaschinen: 7 % vom Nettoumsatz.

11. *Deckungsbeitrag 4 (absolut und prozentual)*
Werden vom Deckungsbeitrag 3 die Marketingkosten abgezogen, dann ergibt sich der Deckungsbeitrag 4 (für das Beispiel Fräsmaschine, DB 4 = 1.263.300 €, d. h. 37,27 % des Umsatzes).

$$Deckungsbeitrag\,4 = Deckungsbeitrag\,3 - Marketingkosten.$$

Mit dem Deckungsbeitrag 4 werden alle fixen Kosten gedeckt, die nicht von den Sparten verursacht werden.

12. *Weitere Kosten*
Zu den weiteren Kosten, die nicht mehr spartenweise zugeordnet werden können, zählen:

- Leistungen Dritten (z. B. Steuerberater),
- Mietkosten,
- Investitionen,
- Kommunikation,
- Reisekosten,
- Zinsen und Versicherungen,
- Rechtsberatung,
- kalkulatorische Abschreibungen.

13. *Deckungsbeitrag 5 (absolut und prozentual)*
Der Deckungsbeitrag 5 deckt die Personalkosten der Verwaltung und der Geschäftsleitung (im vorliegenden Beispiel: DB 5 = 1.408.200 €; das sind 10,57 % des Umsatzes).

$$Deckungsbeitrag\,5 = Deckungsbeitrag\,4 - WeitereKosten.$$

14. *Personalkosten der Verwaltung und Geschäftsleitung*
Alle Kosten ergeben zusammen die Betriebskosten. Das Betriebsergebnis ergibt sich aus der Differenz zwischen Nettoumsatz und sämtlichen Kosten. Im vorliegenden Beispiel ist das Betriebsergebnis 198.200 €; das sind 1,49 % vom Umsatz.

3.3 Kunden-Deckungsbeitragsrechnung

Die Kunden-Deckungsbeitragsrechnung zeigt auf, welche Deckungsbeiträge die einzelnen Kunden bzw. Branchen in das Unternehmen fließen lassen. Im vorliegenden Beispiel werden folgende fünf Produktlinien untersucht:

- Werkzeugmaschinen,
- Pumpen,
- Verpackungsmaschinen,
- Textilmaschinen,
- Antriebstechnik.

Der Deckungsbeitrag 1 errechnet sich aus der Differenz zwischen Nettoumsatz und Wareneinsatz.

$$Deckungsbeitrag\ 1 = Nettoumsatz - Wareneinsatz$$

Vom Deckungsbeitrag 1 werden die Kosten für das *Direct Marketing* abgezogen. Daraus ergibt sich der Deckungsbeitrag 2. Folgende Direct Marketing Aktionen fanden statt:

- Telefon-Marketing,
- Werbebriefe mit Antwortkarten,
- Anzeigen in Fachzeitschriften.

$$Deckungsbeitrag\ 2 = Deckungsbeitrag\ 1 - Kosten\ für\ Direct\ Marketing$$

Besonders kostenintensiv sind *Unternehmensbesuche und Vorführungen* der Maschinen in eigenen Hause oder bei den Kunden. Die speziellen Kundenwünsche müssen aufgenommen, auf ihre wirtschaftliche Realisierbarkeit überprüft und ein-

gepreist werden. Werden diese Kosten berücksichtigt, so ergibt sich der Deckungsbeitrag 3.

Deckungsbeitrag 3 = Deckungsbeitrag 2
− Kosten für Firmenbesuche und Vorführungen

Die Kosten für die *individuelle Auslegung und Anpassung der Maschine* werden vom
Deckungsbeitrag 3 abgezogen, und es ergibt sich der Deckungsbeitrag 4.

Deckungsbeitrag 4 = Deckungsbeitrag 3
− individuelle Auslegung und Anpassung der Maschine

Berücksichtigt man die Kosten für die *Installation und den Testlauf für Ort*, so er-
hält man den Deckungsbeitrag 5.

Deckungsbeitrag 5 = Deckungsbeitrag 4 − Installation und Testlauf vor Ort

Zum Schluss werden noch die Kosten für *Service und Wartung* abgezogen. Das Ergebnis ist der Deckungsbeitrag 6.

Deckungsbeitrag 6 = Deckungsbeitrag 5 − Kosten für Service und Wartung

Tabelle 3.3 zeigt diese Rechnungen für die verschiedenen Produktlinien. Dort wird
sichtbar, dass insgesamt ein positiver Deckungsbeitrag 6 in Höhe von 1.142.064 €
erwirtschaftet wird. Die geringsten Deckungsbeiträge liefern die Antriebstechnik
mit −27.720,- € und die Werkzeugmaschinen mit 69.300,- €.
    Die erfolgreichsten Branchen sind die Pumpen (Deckungsbeitrag 6 = 424.116,- €),
die Textilmaschinen (Deckungsbeitrag 6 = 381.150,- €) und die Verpackungsmaschinen (Deckungsbeitrag 6 = 295.218,- €), während die Antriebstechnik einen negativen Deckungsbeitrag 6 in Höhe von − 27.720 € aufweist. Wie Tab. 3.3 für die
Antriebstechnik zeigt, ist in dieser Sparte der Deckungsbeitrag 5 zum ersten Mal
negativ (Deckungsbeitrag 5 = − 6.930 €). Das bedeutet, dass in der Sparte Antriebstechnik die Kosten nur bis zur Tätigkeit „individuelle Auslegung und Anpassung"
voll gedeckt werden. Die Kosten für die Installation und den Testlauf werden bis
auf 6.930 € gedeckt. Alle weiteren Fixkosten können nicht mehr gedeckt werden.

Tab. 3.3 Werte für eine mehrstufige Kunden-Deckungsbeitragsrechnung. (Quelle: Hering und Draeger 2000)

	Gesamt	Werkzeugmaschinen	Pumpen	Verpackungsmaschinen	Textilmaschinen	Antriebstechnik
Nettoumsatz	6.930.000	1.732.500	1.247.400	1.524.600	1.732.500	693.000
Wareneinsatz	2.494.800	623.700	374.220	589.050	658.350	249.480
Deckungsbeitrag 1	4.435.200	1.108.800	873.180	935.550	1.074.150	443.520
Deckungsbeitrag 1/Umsatz	64,00 %	64,00 %	70,00 %	61,36 %	62,00 %	64,00 %
Kosten für Direct Marketing	414.414	103.950	124.740	60.984	69.300	55.440
Deckungsbeitrag 2	4.020.786	1.004.850	748.440	874.566	1.004.850	388.080
Deckungsbeitrag 2/Umsatz	58,02 %	58,00 %	60,00 %	57,36 %	58,00 %	56,00 %
Kosten für Firmenbesuche und Vorführungen	970.200	346.500	99.792	198.198	173.250	152.460
Deckungsbeitrag 3	3.050.586	658.350	648.648	676.368	831.600	235.620
Deckungsbeitrag 3/Umsatz	44,02 %	38,00 %	52,00 %	44,36 %	48,00 %	34,00 %
Individuelle Auslegung und Anpassung der Maschine	1.428.966	485.100	149.688	274.428	346.500	173.250
Deckungsbeitrag 4	1.621.620	173.250	498.960	401.940	485.100	62.370
Deckungsbeitrag 4/Umsatz	23,40 %	10,00 %	40,00 %	26,36 %	28,00 %	0,00 %
Installation und Testlauf vor Ort	321.552	69.300	37.422	76.230	69.300	69.300
Deckungsbeitrag 5	1.300.068	103.950	461.538	325.710	415.800	− 6.930

Tab. 3.3 (Fortsetzung)

	Gesamt	Werk-zeugma-schinen	Pumpen	Verpa-ckungs-maschinen	Textilma-schinen	Antriebs-technik
Deckungsbei-trag 5/Umsatz	18,76 %	6,00 %	37,00 %	21,36 %	24,00 %	− 1,00 %
Service und Wartung	158.004	34.650	37.422	30.492	34.650	20.790
Deckungsbei-trag 6	1.142.064	69.300	424.116	295.218	381.150	− 27.720
Deckungsbei-trag 6/Umsatz	16,48 %	4,00 %	34,00 %	19,36 %	22,00 %	− 4,00 %

3.4 Kalkulation mit Deckungsbeiträgen

Diese Kalkulationen dienen dazu, die erforderlichen Deckungsbeiträge für Produkte, Dienstleistung, Abteilungen oder Sparten zu errechnen. Die entsprechenden Zahlen werden aus der Kostenrechnung übernommen, wobei es allerdings erforderlich ist, die fixen von den variablen Kosten zu trennen. Im Folgenden werden zwei Möglichkeiten vorgestellt: Einer Kalkulation bei fehlendem preislichen Spielraum und einer Kalkulation bei vorhandenem preislichen Spielraum.

3.4.1 Kalkulation bei fehlendem preislichen Spielraum

Werden die Preise durch den *Markt vorgegeben,* dann ist für das Unternehmen *kein preislicher Spielraum* vorhanden, um die Kosten des Unternehmens durch entsprechende Preise decken zu können. Dies ist beispielsweise bei verschärftem Wettbewerb der Fall oder wenn für bestimmte Käufe beim Kunden genau festgelegte Beträge (Budgets) bereitgestellt werden.

Bei fehlendem preislichen Spielraum muss der Marktpreis vom Unternehmen akzeptiert werden. Wie Abb. 3.4 zeigt, werden vom Marktpreis die Erlösschmälerungen, die variablen Kosten und die Fixkosten abgezogen. Dann bleibt ein Deckungsbeitrag übrig, der zur Deckung der restlichen Fixkosten des Unternehmens dient.

In Tab. 3.4 wird die Kalkulation für ein Fertigungsunternehmen durchgeführt. Grundlage ist die *Zuschlagskalkulation* nach dem Schema in Abb. 3.5.

Abb. 3.4 Kalkulationsschema bei fehlendem preislichen Spielraum. (Quelle: Hering und Draeger 2000)

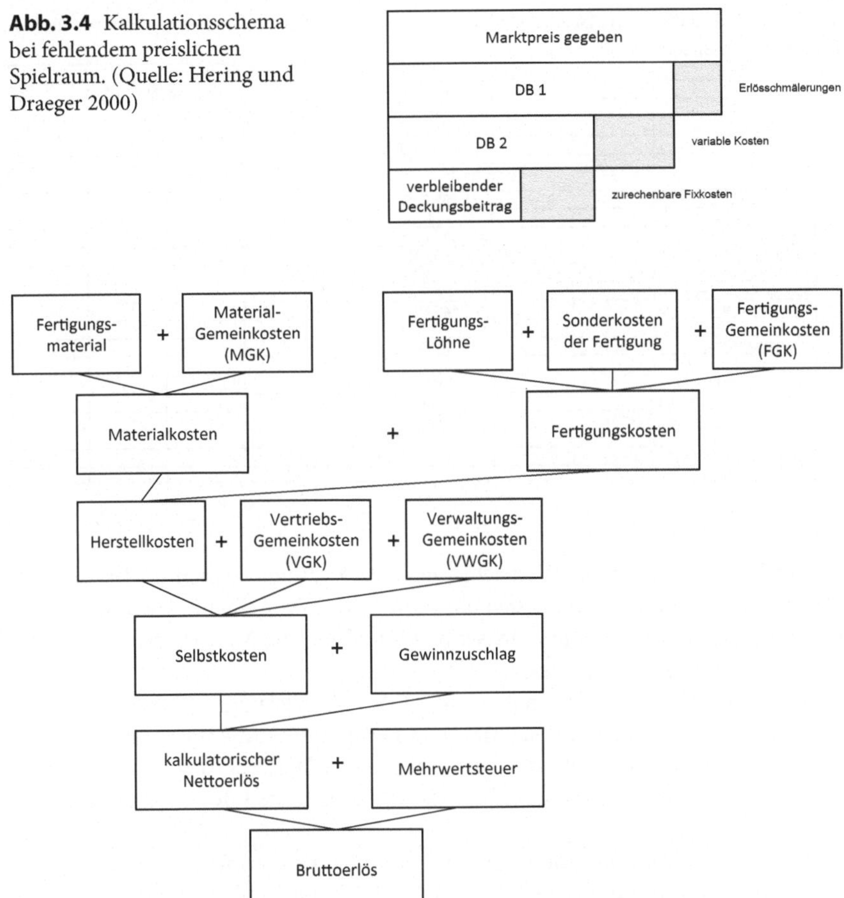

Abb. 3.5 Schema der Zuschlagskalkulation. (Quelle: Hering und Draeger 2000)

Wie Abb. 3.5 zeigt, wird bei der Zuschlagskalkulation folgendermaßen vorgegangen: Zunächst werden die *Materialkosten* ermittelt (als Summe aus Material-kosten und Materiel-Gemeinkosten), dann die *Fertigungskosten* (Fertigungslöhne + Sonderkosten der Fertigung + Fertigungsgemeinkosten). Die Summe aus den Material- und Fertigungskosten ergeben die *Herstellkosten* des Produktes. Zu den

Tab. 3.4 Kalkulation mit Deckungsbeiträgen bei fehlendem preislichen Spielraum für ein Fertigungsunternehmen

1	Brutto-Erlös 1			340.000		Material-Gemeinkosten	5%
2	Rabatt			40.800		Stundensatz Fertigung (€/h)	135
3	Skonto			5.984		Fertigungs-Gemeinkosten	185%
						Skonto	2%
4	Brutto-Erlös 2			293.216		Rabatt	12%
5	Umsatzsteuer			55.711		Umsatzsteuer	19%
6	Netto-Erlös			237.505			
7	Material			120.000			
8	Fertigungslöhne (124 h)		124	16.740			
9	Sonderkosten der Fertigung			5.600			
10	Sonderkosten Vertrieb			4.300			
11	Summe variabler Kosten			146.640			
12	Deckungsbeitrag 1			90.865			
13	Materialgemeinkosten			6.000			
14	Fertigungsgemeinkosten			30.969			
15	Summe zurechenbarer Fixkosten			36.969			
16	Verbleibender Deckungsbeitrag			53.896			

Herstellkosten werden die Vertriebs- und Verwaltungs-Gemeinkosten addiert. Diese Summe sind die *Selbstkosten* eines Produktes. Mit einem Gewinnaufschlag errechnet sich der *kalkulatorische Nettoerlös* und um die Mehrwertsteuer ergänzt der *Bruttoerlös* eines Produktes.

Wie Tab. 3.4 zeigt, wird nach Abzug der Erlösschmälerungen (Rabatt und Skonto), der variablen Kosten im Material- und Fertigungs- sowie im Vertriebsbereich und der zurechenbaren Fixkosten ein verbleibender Deckungsbeitrag in Höhe von 53.896 € errechnet. Er dient dazu, die restlichen Fixkosten des Unternehmens zu decken.

Mit dieser Rechnung kann auch die *Preisuntergrenze* ermittelt werden, bei der gerade noch die anteiligen Fixkosten für das Produkt gedeckt werden. Für die Preisuntergrenze ist der verbleibende *Deckungsbeitrag gleich Null*, weil keine Deckungsbeiträge für die restlichen Fixkosten des Unternehmens zur Verfügung stehen. Das bedeutet, dass alle vom Produkt verursachten Kosten gedeckt sind, so dass beim Verkauf keine direkten Verluste entstehen. Wie Tab. 3.5 zeigt, ist dies bei einem Brutto-Erlös von 262.846 € der Fall. Da der aktuelle Marktpreis in Höhe von 340.000,- € um 77.154,- € höher liegt als diese Preisuntergrenze, ist der Verkauf zu diesem Preis in jedem Fall zu empfehlen.

Aus dem Vergleich der Tab. 3.4 mit Tab. 3.5 ist ebenfalls ersichtlich, daß die Preisuntergrenze nicht so gebildet werden kann, dass von dem ursprünglichen Preis (340.000 €) der verbleibende Deckungsbeitrag (53.896 €) abgezogen wird. Vielmehr ist eine Preisreduzierung um 77.154 € möglich. Dies rührt daher, dass bei geringeren Verkaufspreisen auch die Erlösschmälerungen wie Rabatte und Skonti sowie die Mehrwertsteuer geringer werden.

Tab. 3.5 Kalkulation mit Deckungsbeiträgen bei fehlendem preislichen Spielraum für ein Fertigungsunternehmen zur Ermittlung der Preisuntergrenze

1	Brutto-Erlös 1				262.846		Material-Gemeinkosten	5%
2	Rabatt				31.542		Stundensatz Fertigung (€/h)	135
3	Skonto				4.626		Fertigungs-Gemeinkosten	185%
							Skonto	2%
4	Brutto-Erlös 2				226.678		Rabatt	12%
5	Umsatzsteuer				43.069		Umsatzsteuer	19%
6	Netto-Erlös				183.609			
7	Material				120.000			
8	Fertigungslöhne (124 h)			124	16.740			
9	Sonderkosten der Fertigung				5.600			
10	Sonderkosten Vertrieb				4.300			
11	Summe variabler Kosten				146.640			
12	Deckungsbeitrag 1				36.969			
13	Materialgemeinkosten				6.000			
14	Fertigungsgemeinkosten				30.969			
15	Summe zurechenbarer Fixkosten				36.969			
16	Verbleibender Deckungsbeitrag				0			

3.4.2   Kalkulation bei vorhandenem preislichen Spielraum

Bei vorhandenem Preisspielraum ist es möglich, die internen Kosten des Unternehmens vollständig zu verrechnen und somit in der Kalkulation zu berücksichtigen. Der so errechnete *Marktpreis* wird vom *Kunden bezahlt*. Das Schema zeigt Abb. 3.6. Zunächst werden die variablen Kosten ermittelt und anschließend die fixen Kosten. Beides zusammen ergibt den *Soll-Deckungsbeitrag*. Das ist der Deckungsbeitrag, der in das Unternehmen fließen muss, wenn die Fixkosten gedeckt werden sollen. Zu diesem Soll-Deckungsbeitrag müssen jetzt die Mehrwertsteuer, der Rabatt und das Skonto berücksichtigt werden, um den *Angebotspreis* (ohne Provision) zu erhalten. In Tab. 3.6 sind die Faktoren zur Kalkulation an einem Beispiel zusammengestellt.

In Tab. 3.7 ist die Berechnung für das Fertigungsunternehmen (analog der Zuschlagskalkulation nach Abb. 3.6) durchgeführt. Zuerst werden die variablen Kosten des Materials und der Fertigung zusammengestellt. Die Kalkulation wird dabei in drei Stufen für den Deckungsbeitrag durchgeführt:

- *Soll-Deckungsbeitrag 1*
Er deckt die zurechenbaren fixen Kosten aus dem Material- und Fertigungsbereich.

- *Soll-Deckungsbeitrag 2*
Mit ihm werden die zurechenbaren fixen Kosten im Bereich der Verwaltung und des Vertriebs.

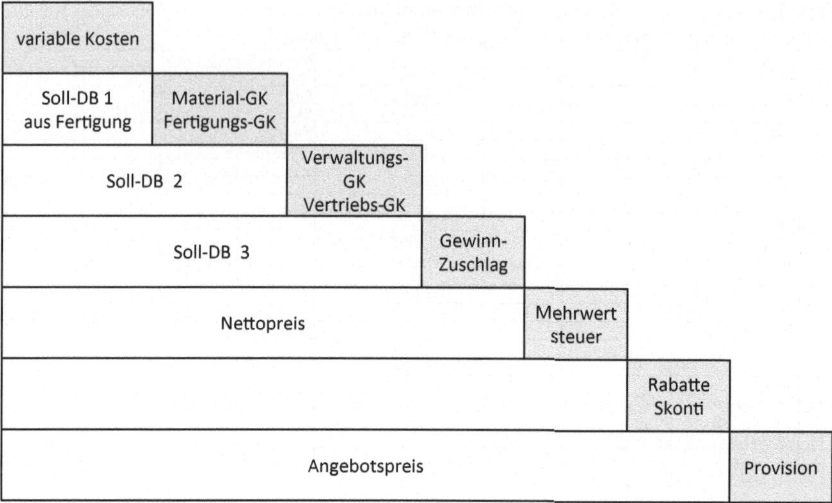

Abb. 3.6 Schema der Deckungsbeitragskalkulation bei vorhandenem preislichen Spielraum. (Quelle: Hering und Draeger 2000)

Tab. 3.6 Faktoren zur Kalkulation bei vorhandenem Preisspielraum. (Eigene Darstellung)

	Zu berechnende Größen	Prozent	Beispiel €	Formel
1	Soll-Deckungsbeitrag (SDB)		100.00	
2	Mehrwertsteuer (m = 0,19)	19 %	19.00	$SDB \cdot m$
3	Rabatt (r = 0,10)	10 %	11.90	$SDB \cdot (1+m) \cdot r$
4	Skonto (s = 0,02)	2 %	2.142	$SDB \cdot (1+m) \cdot (1-r) \cdot s$
5	Angebotspreis A		133.04	5 = 1 + 2 - 3 - 4
6	Provision (p = 0,09)	9 %	146.20	$A/(1-p)$

- *Soll-Deckungsbeitrag 3*

Dieser berücksichtigt die Soll-Deckungsbeiträge 1 und 2 sowie einen zusätzlichen Gewinnzuschlag.

Nach Abb. 3.6 werden dann entsprechend Tab. 3.7 die Beträge für die Mehrwertsteuer, die Rabatte und Skonti sowie für die Provisionen hinzuaddiert, so daß sich ein Mindest-Angebotspreis mit Provision von 347.030 € ergibt.

Tab. 3.7 Kalkulation mit Deckungsbeiträgen bei vorhandenem Preisspielraum für ein Fertigungsunternehmen

1	Material						120.000
2	Fertigungslöhne (h)					124	16.740
3	Sonderkosten der Fertigung						5.600
4	Sonderkosten Vertrieb						4.300
5	Summe variabler Kosten						146.640
6	Materialgemeinkosten						6.000
7	Fertigungsgemeinkosten						30.969
8	Soll-Deckungsbeitrag 1 aus Fertigung						36.969
9	Verwaltungsgemeinkosten						9.180
10	Vertriebsgemeinkosten						22.033
11	Soll-Deckungsbeitrag für Verwaltung und Vertrieb						31.214
12	Soll-Deckungsbeitrag 2						68.183
13	Gewinnzuschlag						21.482
14	Soll-Deckungsbeitrag 3						89.665
15	Summe variable Kosten und Soll-DB 3						236.305
16	Mehrwertsteuer						44.898
17	Brutto-Erlös 1						281.203
18	Rabatt						28.357
19	Skonto						6.238
20	Summe Erlösschmälerungen						34.595
21	Angebotspreis ohne Provision						315.798
22	Mindest-Angebotspreis mit Provision						347.030
	Materialgemeinkosten		5%				
	Stundensatz Fertigung (€/h)		135				
	Fertigungsgemeinkosten		185%				
	Verwaltungsgemeinkosten		5%				
	Vertriebsgemeinkosten		12%				
	Gewinnzuschlag		10%				
	Skonto		3%				
	Rabatt		12%				
	Umsatz-Steuer		19%				
	Provision		9%				

Tab. 3.8 Kalkulation mit Soll-DB-Faktoren

#		Wert		Wert
1	Netto-Umsatz Fräsmaschinen	3.390.000	Wareneinsatz	780.000
2	Zurechenbare Fixkosten FK 1	659.312	Mindest- Netto-Umsatz 1	968.327
3	FK 1/Umsatz	19,45%	Mehrwertsteuer	183.982
			Mindest-Brutto-Umsatz 1	1.152.310
			Faktor 1	1,24
			Wareneinsatz	780.000
4	Anteilige Fixkosten FK 2	285.600	Mindest-Netto-Umsatz 2	1.081.433
	(30%*weitere Kosten)		Mehrwertsteuer	205.472
5	FK 2/Umsatz	8,42%	Mindest-Brutto-Umsatz 2	1.286.906
6	Summe FK 1 und FK 2	944.912	Faktor 2	1,39
7	(FK 1 + FK 2)/Umsatz	27,87%		
			Wareneinsatz	780.000
8	Gewinnzuschlag G/U (% v. Umsatz)	8,00%	Mindest-Netto-Umsatz 3	1.216.346
			Mehrwertsteuer	231.106
9	(FK 1 + FK 2)/Umsatz + G/U	35,87%	Mindest-Brutto-Umsatz 3	1.447.452
			Faktor 3	1,56

Umsatz-Anteil		30%
Gewinnzuschlag		8%
Mehrwertsteuer		19%

3.4.3　Kalkulation mit Soll-Deckungsbeitrags-Faktoren

Ziel dieser Kalkulation ist es, den *Materialpreis* mit einem *Faktor* zu multiplizieren, damit der gewünschte *Endpreis* entsteht. Die Faktoren werden dabei nach folgender Formel berechnet:

$$Faktor = \frac{1}{(1 - Fixkosten/U)}.$$

Auch hier werden, wie Tab. 3.8 am Beispiel des Verkaufs von Fräsmaschinen zeigt, drei Faktoren für die Berücksichtigung unterschiedlicher Fixkosten (FK) errechnet:

- *Berücksichtigung der zurechenbaren Fixkosten FK 1*
  Hier werden die direkt zurechenbaren Fixkosten berücksichtigt. Im vorliegenden Fall sind dies 19,45 % vom Umsatz.
- *Berücksichtigung der Restfixkosten FK 2 als Anteil am Umsatz*
  Da der Bereich Fräsmaschinen 30 % des Gesamtumsatzes des Bereiches beträgt, werden 30 % der Restfixkosten verrechnet. Sie werden zu den direkt zurechenbaren Fixkosten addiert. Im Beispiel sind dies 27,87 % vom Umsatz.
- *Berücksichtigung eines Gewinnbeitrags G/U*
  Zusätzlich zu den Fixkosten und den anteiligen Fixkosten soll noch ein Gewinnbeitrag erwirtschaftet werden. Er beträgt für das Beispiel 8 %. Dann ergibt sich insgesamt ein Soll-DB/U von 35,87 %.

Nach der obigen Formel werden die entsprechenden Faktoren errechnet, mit denen der Wareneinsatz multipliziert werden muss, um denjenigen Angebotspreis zu errechnen, der die gewünschten Fixkosten deckt.

In Tab. 3.8 wird diese Kalkulationsmethode am Beispiel einer Fräsmaschine mit einem Wareneinkaufswert von 780.000,- € durchgerechnet. Es ist deutlich zu sehen, wie *unterschiedlich* die *Brutto-Preise* sind. Je nachdem, welche Fixkosten verrechnet werden, schwanken die Mindest-Brutto-Umsätze von 1.152.310 € (nur Verrechnung der zurechenbaren Fixkosten FK 1) über 1.286.906 € bei zusätzlicher Berücksichtigung der zurechenbaren fixen Kosten in der Verwaltung und im Vertrieb (FK 2) bis zu 1.447.452 € bei Zurechnung eines Gewinnaufschlags von 8 %. Mit einer solchen Rechnung können verschiedene Preisuntergrenzen definiert werden. Bei Preisverhandlungen kann man den gerade noch vertretbaren Preis bestimmen. Er bestimmt, bis zu welchem Grad der Umsatz die Fixkosten decken wird.

3.5 Break-Even-Analyse

An der *Gewinnschwelle* (*Break-Even-Punkt*) entsteht gerade kein Gewinn und kein Verlust. Das Verfahren zur Ermittlung dieser Gewinnschwelle ist die Break-Even-Analyse. Es werden folgende Gewinnschwellen errechnet:

- *Break-Even-Umsatz* U_{BE} (Umsatz bei Gewinn = 0) und
- *Break-Even-Stückzahl* s_{BE} (Stückzahl bei Gewinn = 0).

Die *Gewinnschwelle* oder der *Break-Even-Punkt* ist also erreicht, wenn *Umsatz* und *Kosten* gleich groß sind. In der grafischen Darstellung des *Break-Even-Diagramms* werden in der senkrechten Achse immer die Umsätze und Kosten aufgetragen und in der waagrechten Achse produktspezifische Kennzahlen, meist Umsatz oder Stückzahlen. Abbildung 3.7 zeigt das Prinzip-Bild für eine Umsatz-Break-Even-Analyse. Voraussetzung ist, dass die Gesamtkosten in folgende zwei Komponenten aufgeteilt werden können:

- Fixe Kosten, die unabhängig von der Ausbringungsmenge sind und in
- variable Kosten, die proportional mit der Ausbringungsmenge steigen.

Bei geringen Umsätzen überwiegen die Gesamtkosten, so dass ein Verlust entsteht. Wenn die Gesamtkostenkurve die Umsatz-Gerade schneidet, dann ist die Gewinnschwelle (Break-Even-Punkt) erreicht. Bei höheren Umsätzen gerät man in die Ge-

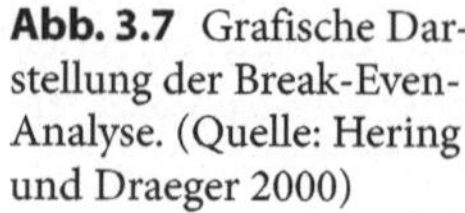

Abb. 3.7 Grafische Darstellung der Break-Even-Analyse. (Quelle: Hering und Draeger 2000)

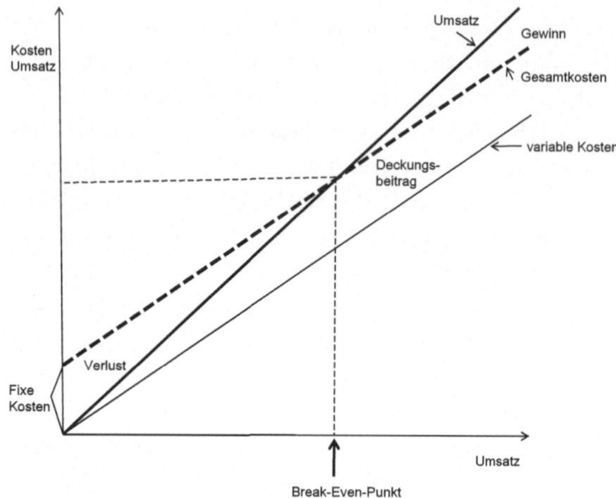

winnzone. In Abb. 3.7 ist der Deckungsbeitragsverlauf zu sehen. Er ist die Fläche zwischen der Umsatzgerade und der Gerade, die die variablen Kosten beschreibt.

Im Folgenden werden die Break-Even-Punkte (als Mindest-Umsatz bzw. Mindest-Stückzahl) für ein Produkt aufgeführt. Es ist klar, dass diese Darstellung für

- das gesamte Unternehmen,
- die Sparten und
- andere Produkt-/Marktsegmente (z. B. Strategische Geschäftseinheiten).

herangezogen werden kann.

Im Folgenden werden für den Break-Even-Umsatz und die Break-Even-Stückzahl sowohl die Berechnungen durchgeführt, als auch an Hand eines Diagramms die Zusammenhänge anschaulich dargestellt.

3.5.1 Break-Even-Umsatz-Diagramm (Mindestumsatz)

Am Beispiel des Unternehmens wird das Vorgehen erläutert. Folgende Zahlen liegen aus der Kostenrechnung bzw. der Gewinn- und Verlustrechnung vor:

Gesamtumsatz: 13.320.000 €,

Gewinn vor Steuern: 1.082.920 €,

Fixkosten: 7.975.050 €,

Variable Kosten: 4.262.000 €.

Um das Break-Even-Umsatz-Diagramm zu erstellen, geht man in folgenden Schritten vor:

1. Schritt: Einzeichnen der Umsatzkurve
   Sie entspricht der 45°-Linie, da sowohl auf der senkrechten als auch auf der waagrechten Achse der Umsatz aufgetragen wird.
2. Schritt: Einzeichnen des Umsatzwertes
   Der Umsatzwert in Höhe von 13.320,00 T€ wird als Punkt P1 in die Umsatzkurve eingezeichnet.
3. Schritt: Kurve der variablen Kosten
   Auf der waagrechten Achse wird der Umsatz (13.320,00 T€) eingezeichnet und auf der senkrechten Achse die variablen Kosten (4.262,00 T€). Das ergibt den Punkt P2.
4. Schritt: Waagerechte Linie für die fixen Kosten
   Die fixen Kosten betragen 7.975,05 T€. Sie werden in der senkrechten Achse als waagrechte Linie eingezeichnet, da sie unabhängig vom Umsatz anfallen (waagrechte gestrichelte Linie durch Punkt P3).
5. Schritt: Einzeichnen der Gesamtkostenkurve
   Die Gesamtkosten sind die Summe aus den fixen und variablen Kosten. Deshalb beginnt die Gesamtkostenkurve am Punkt P3 mit der Steigung der variablen Kosten (Parallele zum Verlauf der variablen Kosten durch den Punkt P3).
6. Schritt: Ermitteln des Break-Even-Punktes
   Der Punkt, an dem die Umsatzkurve die Gesamtkostenkurve schneidet, ist der Break-Even-Punkt. Er beträgt im Beispiel 11.725,50 T€.
7. Schritt: Ermitteln des Gewinnes bzw. des Verlustes
   Der Gewinn bzw. der Verlust ist der Betrag, der beim entsprechenden Umsatz über bzw. unter der Gesamtkostenkurve liegt. Im Beispiel beträgt der Gewinn 1.083 T€.

Abbildung 3.8 zeigt das Ergebnis.

Die Berechnung des Break-Even-Punktes, d. h. des Mindestumsatzes, ergibt sich aus folgender Gleichung:

$$Mindestumsatz = \frac{fixe\ Kosten}{(Deckungsbeitrag\,/\,Umsatz)}$$

$$= \frac{fixe\ Kosten}{(Umsatz - variable\ Kosten)} * Umsatz.$$

Mit den Werten des Beispiels errechnet man den Mindestumsatz zu:

$$Mindestumsatz = \frac{7.975,05 * 13.320}{(13.320 - 4.262)} = 11.725,50\ T€.$$

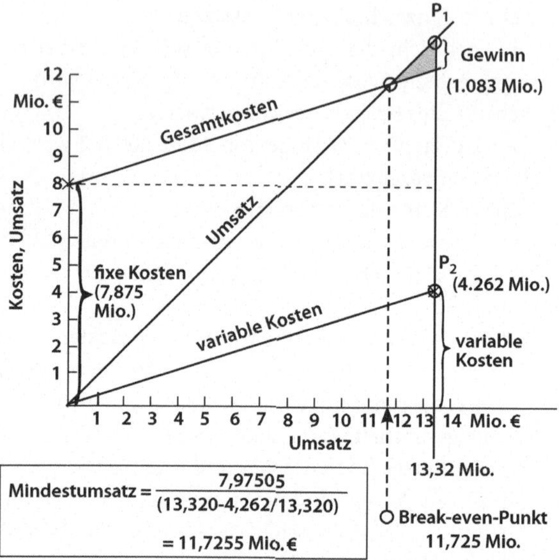

Abb. 3.8 Grafische Darstellung der Break-Even-Analyse an einem Beispiel. (Quelle: Hering und Draeger 2000)

Die Zusammenhänge € können wesentlich übersichtlicher in einem *Umsatz-Ertragsdiagramm* sichtbar gemacht werden, wie Abb. 3.9 zeigt. Es werden in der waagrechten Achse die Umsätze und in der senkrechten Achse nach oben der Ertrag und nach unten der Verlust eingezeichnet.

Für den Ertrag E eines Unternehmens gilt:

$$E = \text{Umsatz } U - \text{Gesamtkosten } K.$$

Die Gesamtkosten K setzen sich aus den variablen Kosten K_{var} und den fixen Kosten K_{fix} zusammen. Dann lautet der Zusammenhang:

$$E = U - K_{var} - K_{fix}.$$

Da der Umsatz U abzüglich der variablen Kosten K_{var} der Deckungsbeitrag DB ist $(DB = U - K_{var})$, ergibt sich für den Ertrag E:

$$E = DB - K_{fix}.$$

Ist der Ertrag $E = 0$ (Break-Even-Punkt oder Gewinnschwelle), dann ist der Deckungsbeitrag DB gleich den Fixkosten K_{fix}.

Der Ertrag in Abhängigkeit vom Umsatz wird durch folgende *Gerade* beschrieben:

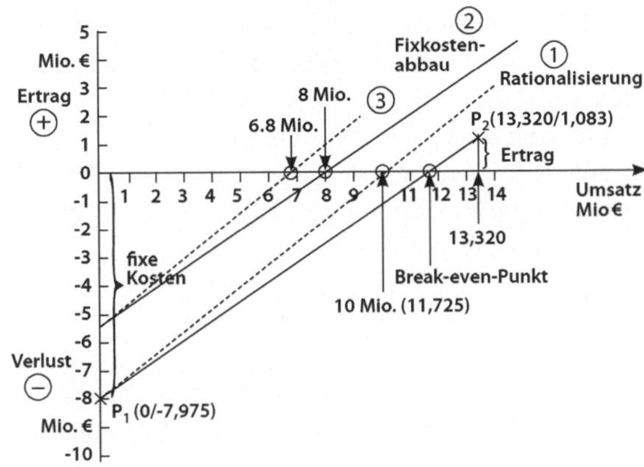

Abb. 3.9 Umsatz-Ertrags-Diagramm und grafische Ermittlung des Break-Even-Umsatzes. (Quelle: Hering und Draeger 2000, Bild E-19)

$$E = DB/U * U_x - K_{fix}.$$

Dabei ist DB/U der Deckungsbeitrag pro Umsatz und U_x die Variable für den Umsatz. Die Gerade E hat die *Steigung* DB/U und den Achsenabschnitt $-K_{fix}$. In der senkrechten Achse wird der Gewinn bzw. der Verlust eingezeichnet und in der waagrechten Achse der Umsatz. Abbildung 3.9 zeigt die Geradengleichung des Ertrages (durchgezogene Linie).

Um diese Gerade zeichnen zu können, benötigt man *zwei Punkte* P_1 und P_2. Diese kann man sehr einfach folgendermaßen ermitteln:

- Punkt P_1: Schnittpunkt mit der senkrechten Achse: *Umsatz = 0; Verlust = $-K_{fix}$.*
- Punkt P_2: Dieser Punkt hat die Koordinaten: *Gesamtumsatz; Gesamtergebnis vor Steuern.* Diese Werte können aus der Kostenrechnung bzw. aus der Gewinn- und Verlustrechnung entnommen werden.

Werden diese beiden Punkte miteinander verbunden, so entsteht die Gerade des Ertrages. Sie schneidet die waagrechte Achse des Umsatzes beim Break-Even-Punkt.

Im vorliegenden Beispiel gilt: Um die Ertragsgerade zeichnen und den Break-Even-Punkt ermitteln zu können, müssen also nur folgende Werte für zwei Punkte P_1 und P_2 vorhanden sein. Dies sind:

- *Fixe Kosten*

Wenn kein Umsatz getätigt wird, sind alle fixen Kosten Verlust. Dies ist der Punkt P1 mit den Koordinaten des Beispiels P1(0/− 7,975 Mio. €).

- *Getätigter Umsatz und erwirtschafteter Ertrag*

Ist der Umsatz und der erwirtschaftete Ertrag bekannt, dann läßt sich der Punkt P2 kocispiel P2(13,320 Mio. €/1,083 Mio. €).

Durch Verbinden der beiden Punkte P1 und P2 entsteht die Ertragsgerade, welche die Gewinnschwelle beim Mindestumsatz schneidet. Er beträgt, wie bereits bekannt, 11,725 Mio. €).

Zur analytischen Bestimmung des Break-Even-Umsatzes kann obige Formel herangezogen werden. Die gleichen Zusammenhänge können aber auch durch die Ertrags-Geraden verstanden werden. Die Ertragsgerade E lautet:

$$E = \frac{Deckungsbeitrag}{Umsatz} * x - K_{fix}.$$

Die Steigung der Geraden ist der Deckungsbeitrag/Umsatz, x ist die Variable des Umsatzes und K_{fix} sind die fixen Kosten. Der Break-Even-Punkt ist erreicht, wenn E = 0 ist, d. h. wenn gerade kein Ertrag erwirtschaftet wird. Dann errechnet sich der gesuchte Mindestumsatz x = U_{mind} zu:

$$U_{min\,d} = \frac{K_{fix}}{Deckungsbeitrag} * Umsatz.$$

Dies ist genau dieselbe Gleichung für den Break-Even-Umsatz wie bereits oben verwendet.

Um größere Erträge zu erwirtschaften, oder um bei Verlusten in die Gewinnzone zu kommen, können mit dieser Darstellung folgende Möglichkeiten durchgespielt werden (s. Abb. 3.9):

- *Maßnahmen zur Erhöhung des Deckungsbeitrages (Rationalisierung oder günstigerer Einkauf: Kurve 1 in Abb. 3.9)*
Durch Erhöhung des Deckungsbeitrages wird (bei gleichen Fixkosten) die Steigung der Ertrags-Geraden größer. Deshalb verschiebt sich der Break-Even-Umsatz auf 10 Mio. € (Gerade 1 in Abb. 3.9). Maßnahmen zur Erhöhung des Deckungsbeitrages sind im Wesentlichen kostengünstigerer Einkauf, Rationalisierungsmaßnahmen (Senkung der Fertigungskosten, ohne die Fixkosten zu erhöhen) oder Preiserhöhungen.

- *Maßnahmen zur Senkung der fixen Kosten (z. B. Personalabbau)*
Bei einem Umsatzrückgang auf 8 Mio. € muss ein Abbau der fixen Kosten (z. B. Personalkosten oder EDV-Kosten durch Outsourcing) auf 5,4 Mio. € erfolgen, um nicht in die Verlustzone zu geraten (Gerade 2 in Abb. 3.9).

Werden beide Maßnahmen: Erhöhung des Deckungsbeitrages und Senkung der Fixkosten gleichzeitig verwirklicht, dann ist sogar ein Umsatzrückgang auf 6,8 Mio. € denkbar, ohne dass ein Verlust eintritt (Variante 3 in Abb. 3.9).

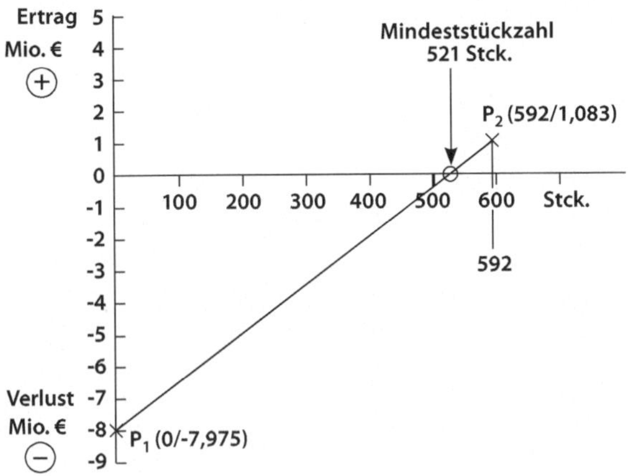

Abb. 3.10 Break-Even-Stückzahl-Diagramm und grafische Ermittlung des Break-Even-Umsatzes. (Quelle: Hering und Draeger 2000, Bild E-20)

Wie Abb. 3.9 deutlich zeigt, verbessern Maßnahmen zur *Verringerung der Fixkosten* wesentlich *deutlicher* das *Ergebnis* als die Erhöhung des Deckungsbeitrages. Ferner sind der Erhöhung des Deckungsbeitrages meist bald Grenzen gesetzt (keine Erhöhung der Marktpreise mehr möglich oder die Rationalisierungs- und der Einkaufsmöglichkeiten sind ausgeschöpft). In diesen Fällen kommt bei Umsatzrückgängen nur eine Senkung der Fixkosten in Frage, was häufig gleichzusetzen ist mit Abbau von nicht produktiv tätigem Personal.

3.5.2 Break-Even-Stückzahl-Diagramm

Bei diesem Diagramm ist in der waagrechten Achse die Stückzahl aufgetragen. Im vorliegenden Beispiel wurden 592 Maschinen zum Stückpreis von 22,5 T€ verkauft. Die Konstruktion des Break-Even-Stückzahl-Diagramms erfolgt entsprechend den obigen Ausführungen. Wie Abb. 3.10 zeigt, liegt die Mindeststückzahl bei 521 Stück.

Die entsprechende Gleichung für die Break-Even-Stückzahl (d. h. Mindeststückzahl, so dass gerade kein Verlust entsteht) lautet:

$$Break - Even - Stückzahl = \frac{fixe\ Kosten}{Deckungsbeitrag} * Stückzahl.$$

Mit den Werten des Beispiels ergibt sich für die Mindeststückzahl:

$$Break - Even - Stückzahl = \frac{7.975,05}{(13.320 - 4.262)} * 592 = 521\ Stück.$$

Literatur

Däumler, K.-D., Grabe, J.: Kostenrechnung 2 – Deckungsbeitragsrechnung, Aufl 9. NWB Verlag (2008)

Gaydoul, P.: Deckungsbeitragsrechnung – eine programmierte Unterweisung. Springer (2012)

Hering, E., Draeger, W.: Handbuch Betriebswirtschaft für Ingenieure, Aufl. 3. Springer Verlag (2000)

Hering, E.: Controlling für Ingenieure. Springer Essential (2014)

Hering, E.: Marketing-Konzeptionen für Ingenieure. Springer Essential (2014)

Hering, E.: Deckungsbeitragsrechnung für Ingenieure. Springer Essential (2014)

Kilger, W., Pampel, J. R., Vikas, K.: Flexible Plankostenrechnung und Deckungsbeitragsrechnung, Aufl 13. Gabler Verlag (2012)

Macha, R.: Deckungsbeitragsrechnung. Haufe Lexware (2010)

Riebel, P.: Einzelkosten- und Deckungsbeitragsrechnung, Aufl. 7. Gabler Verlag (1994)

E. Hering, *Deckungsbeitragsrechnung für Ingenieure*, essentials,
DOI 10.1007/978-3-658-04855-6, © Springer Fachmedien Wiesbaden 2014